Guida alla Coltivazione delle Ortensie

Impara cosa fare per coltivare bene splendide Ortensie

A. Duller

I0478139

Lisa Shardon

Guida alla Coltivazione delle Ortensie

Introduzione

L'ortensia è una pianta affascinante, famosa per le sue spettacolari fioriture colorate e la sua presenza scenografica nei giardini di tutto il mondo. Questa pianta, appartenente alla famiglia delle Hydrangeaceae, è apprezzata per la varietà di forme, dimensioni e tonalità che offre, permettendo a giardinieri e appassionati di botanica di sperimentare con numerosi colori e disposizioni. Il fascino delle ortensie, tuttavia, non risiede solo nella loro bellezza esteriore, ma anche nella ricca storia, che affonda le radici in luoghi lontani e antiche tradizioni.

In questo approfondimento, esploreremo la storia e le origini delle ortensie, partendo dai primi esemplari scoperti fino alla diffusione moderna. Approfondiremo anche i principali tipi di ortensie, suddivisi in quattro categorie principali: le ortensie a foglia grande, a pannocchia, arrampicanti e a fiore secco. Scopriremo come riconoscere le diverse varietà, le loro caratteristiche uniche e i segreti per coltivarle con successo.

Storia e origini delle Ortensie

Le ortensie hanno una storia affascinante che risale a oltre 60 milioni di anni fa, secondo le testimonianze fossili. Originarie dell'Asia e delle Americhe, queste piante si sono diffuse rapidamente in diverse regioni del mondo grazie alla loro adattabilità. Nel XVIII secolo, l'ortensia iniziò a destare grande interesse in Europa, quando gli esploratori e i botanici europei portarono con sé esemplari di Hydrangea dalle loro spedizioni in Giappone e in Cina. Questo fu un periodo di scoperte scientifiche e scambi culturali tra l'Europa e l'Asia, e le piante esotiche divennero simbolo di prestigio e oggetto di collezionismo.

Le prime ortensie giapponesi a raggiungere l'Europa furono accolte con grande entusiasmo. Giardini botanici e aristocratici iniziarono a coltivarle, apprezzando sia la bellezza dei fiori sia il mistero dei colori cangianti. La capacità dell'ortensia di cambiare colore a seconda del pH del terreno contribuì a rendere questa pianta un simbolo di bellezza mutevole e sfuggente.

Il termine "Hydrangea" deriva dal greco antico "hydor" (acqua) e "angeion" (vaso), probabilmente in riferimento alla forma del frutto, che ricorda una piccola brocca d'acqua. Questa denominazione si deve al botanico francese Philibert Commerson, che assegnò il nome alla pianta durante una spedizione di esplorazione nelle isole del Pacifico nel XVIII secolo. Il nome comune "ortensia" sembra avere un'origine più romantica: Commerson avrebbe dedicato la pianta alla sua amata, Hortense, ma alcune fonti suggeriscono che possa anche derivare dal nome di un'astronoma francese dell'epoca, Hortense Lepaute.

Nel corso dei secoli, le ortensie hanno mantenuto il loro fascino e la loro popolarità, diventando una delle piante da giardino più coltivate al mondo. Dai giardini zen giapponesi ai cortili delle case europee, queste piante hanno saputo conquistare cuori e giardini, adattandosi a vari climi e terreni. La loro capacità di prosperare sia in climi temperati sia in condizioni più rigide, insieme alla varietà di forme e colori disponibili, ha fatto sì che le ortensie si diffondessero in tutti i continenti.

Capitolo 1: Tipi di Ortensie

Esistono numerosi tipi di ortensie, ciascuno con le proprie caratteristiche distintive e particolarità di coltivazione. In questa sezione, analizzeremo i quattro principali tipi di ortensie: le ortensie a foglia grande, le ortensie a pannocchia, le ortensie arrampicanti e le ortensie a fiore secco. Ciascuna di queste varietà ha un fascino unico e può aggiungere una nota particolare a ogni giardino.

Ortensie a foglia grande (Hydrangea macrophylla)

Le ortensie a foglia grande, note anche come Hydrangea macrophylla, sono una delle varietà più popolari e riconoscibili di ortensie. Originarie delle coste asiatiche, in particolare del Giappone, le ortensie a foglia grande sono apprezzate per le loro infiorescenze globose e i colori intensi che vanno dal blu al rosa, dal rosso al bianco.

Una caratteristica distintiva di questa specie è la capacità di cambiare colore in base al pH del terreno. In un terreno acido, con un pH inferiore a 5.5, i fiori tendono a essere di un blu intenso, mentre in un terreno alcalino, con un pH superiore a 6.5, i fiori tendono al rosa o al rosso. Questo fenomeno è dovuto alla presenza di alluminio nel terreno: in un terreno acido, l'alluminio è più disponibile per le radici della pianta, portando alla colorazione blu dei fiori.

Le ortensie a foglia grande si dividono in due sottotipi principali:

1. **Ortensie a fiore a palla**: Queste ortensie producono grandi infiorescenze tondeggianti, spesso chiamate "fiori a palla". Sono tra le più comuni nei giardini e apprezzate per l'effetto scenografico.

2. **Ortensie lacecap**: Questo tipo presenta fiori a "cappello di pizzo", con una disposizione dei fiori più ariosa e delicata, con fiori fertili centrali circondati da fiori sterili più grandi.

Le ortensie a foglia grande sono ideali per giardini ombreggiati e semi-ombreggiati, poiché preferiscono un'esposizione alla luce solare parziale. Necessitano di un'irrigazione regolare, soprattutto durante i mesi estivi, e prediligono terreni ricchi di sostanza organica.

Ortensie a pannocchia (Hydrangea paniculata)

Le ortensie a pannocchia, scientificamente conosciute come Hydrangea paniculata, sono un tipo di ortensia originaria della Cina e del Giappone. Sono facilmente riconoscibili per le loro infiorescenze a forma di cono, simili a pannocchie, da cui deriva il nome comune. Queste ortensie fioriscono in estate, e i loro fiori possono passare dal bianco al rosa nel corso della stagione, a seconda delle condizioni ambientali e del livello di maturazione dei fiori.

Le ortensie a pannocchia sono note per essere più tolleranti alla luce solare rispetto ad altre varietà di ortensie, e possono essere coltivate in posizioni più esposte al sole, purché ricevano irrigazioni abbondanti durante i periodi di siccità. Hanno una forma arbustiva e possono raggiungere dimensioni considerevoli, con alcune varietà che possono superare i due metri di altezza.

Uno dei vantaggi di questa specie è la sua robustezza. Le ortensie a pannocchia sono resistenti al freddo e si adattano bene a una varietà di condizioni climatiche, rendendole ideali per i giardini in zone con inverni rigidi. Inoltre, poiché fioriscono sui nuovi rami dell'anno, possono essere potate ogni inverno senza compromettere la fioritura successiva.

Ortensie arrampicanti (Hydrangea petiolaris)

Le ortensie arrampicanti, conosciute scientificamente come Hydrangea petiolaris, sono una scelta affascinante per giardinieri che desiderano aggiungere un tocco verticale al loro giardino. Questa varietà è originaria dell'Asia orientale e si caratterizza per la sua capacità di crescere su muri, recinzioni e tronchi d'albero grazie alle sue radici aeree, che le permettono di aderire a superfici verticali.

Le ortensie arrampicanti producono fiori bianchi a forma di ombrello, simili a quelli delle lacecap, e fioriscono generalmente tra la tarda primavera e l'inizio dell'estate. Questi fiori emanano un delicato profumo, che li rende particolarmente apprezzati nei giardini.

Questa specie è molto resistente e tollera bene l'ombra, rendendola perfetta per zone del giardino poco esposte alla luce solare diretta. Tuttavia, a differenza di altre varietà, l'ortensia arrampicante impiega diversi anni per stabilirsi e fiorire, richiedendo pazienza da parte del giardiniere. Una volta stabilita, però, è una pianta molto longeva e resistente, che richiede poche cure.

Ortensie a fiore secco (Hydrangea arborescens)

Le ortensie a fiore secco, o Hydrangea arborescens, sono una varietà che ha origine nel Nord America e si distingue per i fiori bianchi che tendono a diventare di colore crema o marrone con l'avanzare della stagione. Questa caratteristica rende le ortensie a fiore secco

particolarmente decorative anche durante l'autunno, quando le infiorescenze, una volta essiccate, aggiungono un tocco di eleganza rustica al giardino.

Uno degli esempi più noti di ortensie a fiore secco è la varietà "Annabelle", famosa per le sue infiorescenze grandi e tondeggianti, che possono raggiungere i 30 cm di diametro. Questa varietà è molto resistente e si adatta bene a una varietà di condizioni climatiche, rendendola una scelta popolare nei giardini di tutto il mondo.

Le ortensie a fiore secco sono anche apprezzate per la facilità di manutenzione: possono essere potate drasticamente a fine inverno, poiché fioriscono sui nuovi rami prodotti durante la stagione. Prediligono un'esposizione in pieno sole o semi-ombra e richiedono un terreno ben drenato, ricco di materia organica.

Conclusione

Le ortensie rappresentano un elemento di bellezza naturale e versatilità che può arricchire qualunque spazio verde, adattandosi a una vasta gamma di stili di giardino. Dai colori cangianti delle ortensie a foglia grande ai fiori profumati delle ortensie arrampicanti, fino alle robuste e scenografiche ortensie a pannocchia e alle eleganti ortensie a fiore secco, queste piante offrono infinite possibilità decorative.

Conoscere le diverse varietà e le loro

peculiarità è il primo passo per creare un giardino armonioso, in cui ogni pianta possa esprimere al meglio il proprio potenziale decorativo. Le ortensie, con la loro ricca storia e la loro intrinseca bellezza, continuano a ispirare e affascinare giardinieri e amanti della natura di tutto il mondo. Grazie a una corretta coltivazione e alla scelta della varietà più adatta al proprio ambiente, è possibile godere di queste piante straordinarie per molti anni, ammirando ogni stagione la loro trasformazione e il loro contributo alla bellezza del paesaggio.

Capitolo 2: Caratteristiche Botaniche delle Ortensie

Le ortensie sono piante ornamentali straordinarie che offrono una varietà di colori, forme e dimensioni. Per comprendere appieno il loro valore in un giardino e garantire una coltivazione ottimale, è utile conoscere le loro caratteristiche botaniche, le preferenze di crescita e l'ambiente più adatto per ciascuna varietà. In questo capitolo, esploreremo i principali aspetti botanici delle ortensie, soffermandoci su fiori e foglie, varietà di colori e modalità di crescita. Analizzeremo anche il tipo di ambiente e il metodo di coltivazione ottimale per queste piante, inclusi il terreno, l'esposizione, l'irrigazione e la nutrizione.

Fiori e foglie

Le ortensie si distinguono per i loro fiori caratteristici, che sono generalmente disposti in infiorescenze terminali e assumono diverse forme a seconda della specie e della varietà. In molte ortensie, come nelle Hydrangea macrophylla, i fiori si presentano come infiorescenze globose, mentre nelle Hydrangea paniculata i fiori si sviluppano in grappoli a forma di cono. In altre varietà, come le Hydrangea petiolaris, i fiori hanno un aspetto più aperto e arioso, simile a un ombrello, con fiori fertili al centro e fiori sterili più grandi ai bordi.

I fiori di ortensia possono essere **fertili** o **sterili**. I fiori fertili, situati al centro dell'infiorescenza, sono piccoli e discreti, mentre i fiori sterili, posizionati spesso ai margini, sono più vistosi e svolgono principalmente una funzione decorativa. La struttura di queste infiorescenze è particolarmente evidente nelle varietà lacecap, dove i fiori centrali fertili sono circondati da fiori sterili più appariscenti.

Le foglie delle ortensie variano notevolmente per dimensione e forma, ma in generale sono di un verde intenso, ampie e con margini leggermente seghettati. Questo colore verde brillante delle foglie contrasta magnificamente con i fiori colorati, rendendo la pianta una presenza scenografica. Nella maggior parte delle specie, le foglie sono caduche e perdono colore in autunno, assumendo talvolta sfumature arancioni o marroni prima di cadere.

Varietà di colori

Uno degli aspetti più affascinanti delle ortensie è la varietà dei colori dei fiori, che spaziano dal bianco al rosa, dal viola al blu, e in alcune specie possono persino assumere sfumature verdi. Le ortensie a foglia grande (Hydrangea macrophylla) sono particolarmente conosciute per la loro capacità di cambiare colore a seconda del pH del terreno.

1. **Blu**: Quando il terreno è acido (pH inferiore a 5.5) e contiene alluminio disponibile, i fiori delle Hydrangea

macrophylla tendono a diventare blu.

2. **Rosa**: In terreni alcalini, con un pH superiore a 6.5, i fiori delle ortensie a foglia grande assumono una tonalità rosa.

3. **Bianco**: Le ortensie a pannocchia (Hydrangea paniculata) e altre specie tendono ad avere fiori bianchi che rimangono invariati, indipendentemente dal pH del terreno.

4. **Verde**: Alcune varietà di ortensie a fiore secco presentano fiori che, con l'avanzare della stagione, assumono sfumature verdi, crema o persino marroni.

La variazione di colore dei fiori è dovuta alla presenza di **antociani**, pigmenti vegetali che reagiscono al pH del terreno. Questi pigmenti sono influenzati anche dalla quantità di alluminio disponibile: in un terreno acido, l'alluminio viene assorbito dalle radici e produce la colorazione blu dei fiori, mentre nei terreni alcalini, dove l'alluminio è meno disponibile, i fiori tendono al rosa. Questa particolarità rende le ortensie particolarmente interessanti, poiché i giardinieri possono influenzare il colore dei fiori modificando il pH del terreno con appositi fertilizzanti o additivi.

Habit e crescita

L'habit, o portamento, delle ortensie varia notevolmente a seconda della specie e della varietà. Le ortensie possono presentarsi come arbusti cespugliosi, piante rampicanti o alberelli. Ad esempio, le Hydrangea macrophylla e le Hydrangea arborescens hanno un habit cespuglioso e compatto, ideale per bordure o per creare un punto focale in un giardino. Le Hydrangea paniculata possono crescere in forma di arbusto o alberello, raggiungendo un'altezza che varia da uno a tre metri, mentre le Hydrangea petiolaris sono rampicanti, capaci di arrampicarsi su muri, tronchi e strutture verticali grazie alle loro radici aeree.

In generale, le ortensie sono piante longeve e resistenti, che con cure adeguate possono vivere per molti anni. Hanno una crescita rapida e richiedono una manutenzione periodica sotto forma di potature e concimazioni, a seconda della varietà. Alcune specie, come le ortensie a pannocchia, necessitano di potature annuali per mantenere la forma e promuovere una fioritura vigorosa. Al contrario, le ortensie arrampicanti necessitano di minori interventi di potatura, in quanto tendono a svilupparsi autonomamente lungo le superfici di supporto.

Ambiente e Coltivazione

La coltivazione delle ortensie richiede attenzione a diversi fattori, tra cui il tipo di terreno, l'esposizione alla luce solare, l'irrigazione e la nutrizione. Le ortensie sono piante versatili, ma alcune condizioni specifiche possono fare la differenza per ottenere una crescita sana e una fioritura rigogliosa.

Terreno ideale

Le ortensie preferiscono un terreno **ricco di sostanza organica**, ben drenato ma capace di trattenere l'umidità, caratteristiche che permettono alle radici di ricevere i nutrienti necessari senza ristagni d'acqua, che potrebbero causare marciume radicale. Un terreno leggermente acido è particolarmente indicato per le ortensie a foglia grande, in modo da favorire la colorazione blu dei fiori.

Per creare un terreno ottimale:

- **Compost** o **letame maturo** possono essere aggiunti al suolo per arricchirlo di materia organica.

- **Torba** o **zolfo** possono essere utilizzati per acidificare il terreno, mentre **calce agricola** può renderlo più alcalino, favorendo così la colorazione rosa nei fiori di Hydrangea macrophylla.

- È consigliabile testare periodicamente il pH del terreno e regolarlo secondo le esigenze specifiche delle piante.

Esposizione e posizione

Le ortensie preferiscono una posizione **ombreggiata o semi-ombreggiata**, soprattutto nelle zone con estati calde e afose, dove l'esposizione diretta al sole potrebbe danneggiare le foglie e i fiori. Una posizione ideale è quella in cui la pianta riceve **luce solare diretta nelle ore del mattino** e ombra nel pomeriggio. Tuttavia, alcune specie come le Hydrangea paniculata tollerano bene anche l'esposizione al sole pieno, purché siano adeguatamente irrigate.

Una corretta esposizione alla luce permette alle ortensie di sviluppare una fioritura abbondante e di mantenere foglie verdi e sane. In zone particolarmente ombreggiate, la pianta potrebbe crescere con minore vigore e produrre meno fiori.

Irrigazione e nutrizione

L'irrigazione è un elemento cruciale per la salute delle ortensie, in quanto queste piante hanno bisogno di un buon livello di umidità per prosperare. Le ortensie richiedono irrigazioni **regolari** e **abbondanti**, soprattutto nei periodi più caldi, evitando però i ristagni d'acqua, che possono causare marciume radicale. È preferibile annaffiare le ortensie nelle prime ore del mattino o in serata, per ridurre l'evaporazione e garantire che le radici possano assorbire adeguatamente l'acqua.

Per quanto riguarda la nutrizione, le ortensie beneficiano di concimazioni regolari. Un fertilizzante bilanciato, ricco di **azoto (N)**, **fosforo (P)** e **potassio (K)**, è ideale per promuovere la crescita delle foglie e la fioritura. In particolare:

- **Azoto (N)**: Favorisce la crescita delle foglie e una colorazione verde intensa.

- **Fosforo (P)**: Essenziale per una buona fioritura e per lo sviluppo delle radici.

- **Potassio (K)**: Contribuisce alla resistenza della pianta e alla robustezza dei fiori.

Durante la fase di fioritura, è consigliabile utilizzare un fertilizzante specifico per piante da fiore, per prolungare la durata dei fiori. Nel caso delle ortensie a foglia grande, si possono aggiungere al terreno sostanze come **solfato di alluminio** o **calce** per modificare il colore dei fiori.

Riassunto della Coltivazione

Per una coltivazione ottimale delle ortensie, occorre:

- **Preparare il terreno**: Ricco di materia organica, ben drenato e con pH regolabile in base alla varietà.

- **Scegliere una posizione**: In ombra parziale o pieno sole a seconda della specie.

- **Innaffiare regolarmente**: Mantenendo il terreno umido, senza ristagni.

- **Concimare**: Con nutrienti bilanciati e regolazioni mirate per colori specifici nei fiori.

Con le giuste attenzioni alle caratteristiche botaniche e all'ambiente, le ortensie possono prosperare e offrire una fioritura straordinaria che arricchisce ogni giardino. La comprensione dei vari aspetti botanici, come fiori, foglie, colore e forma di crescita, unita alla conoscenza dei requisiti ambientali e di coltivazione, consente ai giardinieri di creare spazi verdi ricchi e colorati con queste splendide piante.

Capitolo 3: Potatura delle Ortensie

Le ortensie richiedono una cura specifica per mantenere la loro forma e favorire una fioritura rigogliosa. La potatura è un aspetto essenziale di questa cura, ma occorre tenere a mente che ogni varietà di ortensia necessita di tecniche e tempistiche specifiche per poter crescere rigogliosa e sana. In questo capitolo esploreremo in dettaglio le tecniche di potatura per le principali varietà di ortensie, il periodo ideale per effettuare questa operazione e le migliori strategie per prevenire e trattare le malattie e i parassiti.

Tecniche di Potatura

La potatura delle ortensie è un'attività fondamentale per garantire non solo la salute della pianta, ma anche una fioritura abbondante e di qualità. Le ortensie si dividono in due grandi gruppi per quanto riguarda la potatura: quelle che fioriscono sui rami dell'anno precedente e quelle che fioriscono sui nuovi rami.

Ortensie che Fioriscono sui Rami dell'Anno Precedente

Queste ortensie includono le varietà Hydrangea macrophylla (ortensia a foglia grande), Hydrangea serrata e Hydrangea petiolaris (ortensia rampicante). Queste varietà sviluppano i boccioli sui rami prodotti l'anno precedente, quindi la potatura deve essere molto attenta per non compromettere la fioritura.

1. **Rimozione dei fiori appassiti**: È consigliabile rimuovere i fiori appassiti tagliando appena sopra un nodo, ma solo dopo che è passato il rischio di gelate, in modo da proteggere i nuovi germogli.

2. **Eliminazione dei rami morti o danneggiati**: Questo tipo di intervento serve a mantenere la pianta sana e vigorosa. Rimuovere i rami secchi o spezzati non compromette la fioritura e aiuta a prevenire

malattie.

3. **Taglio dei rami vecchi**: Ogni 2-3 anni, si consiglia di rimuovere alcuni dei rami più vecchi, tagliandoli alla base, per favorire la crescita di nuovi rami. Questo stimola una vegetazione più fresca e un migliore ricambio floreale.

Ortensie che Fioriscono sui Nuovi Rami

Questo gruppo include le varietà Hydrangea paniculata (ortensia a pannocchia) e Hydrangea arborescens. Queste piante producono i fiori sui rami che crescono durante l'anno stesso, per cui è possibile effettuare una potatura più drastica senza rischiare di compromettere la fioritura.

1. **Potatura drastica invernale**: Per queste ortensie, è possibile effettuare una potatura intensa a fine inverno, tagliando i rami a circa 15-30 cm dal terreno. Questo stimola la produzione di rami robusti e fioriture abbondanti nella stagione successiva.

2. **Rimozione dei fiori secchi**: Dopo la fioritura, si possono rimuovere i fiori appassiti tagliando appena sopra un nodo per mantenere un aspetto ordinato e stimolare la produzione di nuovi germogli.

3. **Controllo della forma**: La potatura di controllo serve a mantenere una forma armoniosa della pianta, eliminando rami che crescono in modo disordinato o che si sovrappongono.

Periodi Consigliati

La scelta del momento giusto per potare le ortensie è cruciale per garantire una fioritura sana. Vediamo i periodi ideali per la potatura, suddivisi per le principali tipologie di ortensia.

Ortensie a Foglia Grande e Serrata

La potatura principale per le ortensie a foglia grande e serrata dovrebbe essere fatta subito dopo la fioritura, in estate. Poiché queste varietà fioriscono sui rami dell'anno precedente, è importante non potarle in autunno o in primavera per non compromettere i boccioli.

Ortensie Paniculata e Arborescens

Queste varietà fioriscono sui nuovi rami, quindi la potatura può essere effettuata a fine inverno o all'inizio della primavera, prima che inizi la crescita attiva. Una potatura drastica stimola la produzione di nuovi germogli e garantisce una fioritura abbondante nella stagione successiva.

Ortensie Rampicanti

Le ortensie rampicanti richiedono meno interventi di potatura, e solitamente è sufficiente eliminare i rami secchi o danneggiati in primavera. Una potatura leggera di mantenimento può essere fatta in estate dopo la fioritura, per controllare la forma della pianta e impedire che si estenda troppo in larghezza o altezza.

Potatura e Cura Generale

Oltre alla potatura stagionale, è importante rimuovere periodicamente i rami più vecchi e deboli, soprattutto nel caso di ortensie molto fitte, per favorire la circolazione dell'aria e ridurre il rischio di malattie fungine. Anche un controllo periodico dello stato delle foglie e delle infiorescenze permette di intervenire prontamente in caso di parassiti o altre problematiche.

Malattie e Parassiti delle Ortensie

Le ortensie sono generalmente piante resistenti, ma possono essere soggette a diversi problemi causati da parassiti e malattie fungine, soprattutto in condizioni di elevata umidità o in caso di coltivazione in ambienti troppo ombrosi. Vediamo quali sono i problemi più comuni e come prevenirli e risolverli.

Problemi Comuni

1. Oidio

L'oidio è una malattia fungina che si manifesta con una polvere biancastra sulle foglie. È particolarmente comune nelle stagioni umide e calde e può indebolire la pianta, compromettendo la fioritura.

- **Sintomi**: Polvere bianca sulle foglie, che può portare a ingiallimento e caduta delle stesse.

- **Prevenzione**: Mantenere una buona circolazione d'aria tra le piante, evitando posizioni troppo ombreggiate e riducendo l'umidità.

- **Soluzione**: Trattare con fungicidi

specifici a base di zolfo e rimuovere le foglie infette per limitare la diffusione.

2. Marciume Radicale

Il marciume radicale è causato dal ristagno idrico, che provoca la morte delle radici e, di conseguenza, l'appassimento della pianta.

- **Sintomi**: Ingiallimento delle foglie, appassimento generale della pianta e radici marce.

- **Prevenzione**: Garantire un buon drenaggio del terreno, evitando ristagni e riducendo le irrigazioni in caso di clima piovoso.

- **Soluzione**: In caso di marciume avanzato, potrebbe essere necessario rimuovere la pianta. Se l'infezione è limitata, tagliare le radici marce e trapiantare la pianta in un terreno asciutto.

3. Clorosi Fogliare

La clorosi si manifesta con l'ingiallimento delle foglie, causato da una carenza di ferro o di altri nutrienti. Spesso è associata a un pH del terreno troppo alcalino.

- **Sintomi**: Ingiallimento delle foglie, con venature che restano verdi.

- **Prevenzione**: Verificare il pH del terreno e, se necessario, acidificarlo.

- **Soluzione**: Utilizzare un concime specifico a base di ferro o altri micronutrienti.

4. Cocciniglia

La cocciniglia è un parassita che si nutre della linfa della pianta, causando indebolimento e rallentamento della crescita. Si presenta come piccole escrescenze bianche o marroni sul fusto e sulle foglie.

- **Sintomi**: Presenza di piccoli insetti bianchi o marroni, foglie che ingialliscono e cadono.

- **Prevenzione**: Controllare regolarmente la pianta, soprattutto in estate.

- **Soluzione**: Trattare con insetticidi specifici o con una soluzione a base di sapone insetticida.

5. Afidi

Gli afidi sono piccoli insetti verdi che infestano i nuovi germogli e possono trasmettere virus alla pianta. Sono più comuni in primavera e all'inizio dell'estate.

- **Sintomi**: Foglie arricciate e deformi, presenza di insetti verdi.

- **Prevenzione**: Mantenere la pianta sana con una corretta concimazione e controllo dei parassiti.

- **Soluzione**: Rimuovere manualmente gli

afidi o trattare con insetticidi naturali come il sapone di potassio.

Soluzioni e Prevenzione

Per mantenere le ortensie sane e prevenire le malattie e i parassiti, è importante adottare alcune pratiche generali di coltivazione.

1. **Irrigazione corretta**: Innaffiare le ortensie al mattino per evitare un'eccessiva umidità notturna, che

favorisce le malattie fungine.

2. **Potatura regolare**: La potatura non solo aiuta a mantenere la forma, ma riduce anche il rischio di malattie migliorando la circolazione dell'aria.

3. **Fertilizzazione equilibrata**: Usare

fertilizzanti specifici per ortensie, evitando eccessi di azoto che possono favorire la crescita di foglie a discapito dei fiori e aumentare la sensibilità alle malattie.

4. **Drenaggio del terreno**: Assicurare un buon drenaggio riduce il rischio di marciume radicale e altre infezioni legate all'umidità.

5. **Controlli periodici**: Osservare regolarmente lo stato delle foglie e dei fiori per identificare tempestivamente eventuali parassiti o segni di malattia.

Con queste pratiche, le ortensie non solo cresceranno in modo rigoglioso, ma saranno anche protette da malattie e parassiti che potrebbero comprometterne la bellezza e la salute.

Capitolo 4: Ortensie in Giardino

Le ortensie sono piante versatili e decorative, perfette per arricchire giardini, aiuole, terrazze e balconi. Grazie alla varietà di forme, colori e dimensioni, si prestano a molteplici utilizzi, sia come esemplari singoli che in composizioni più articolate. In questo capitolo esploreremo come creare splendide composizioni floreali con le ortensie, come abbinarle con altre piante per ottenere effetti visivi sorprendenti e come coltivarle in vasi per balconi e terrazze.

Composizioni Floreali

Le ortensie sono una scelta eccellente per creare composizioni floreali, sia nel giardino che in casa. La loro fioritura abbondante e colorata è perfetta per formare aiuole spettacolari e punti focali di grande impatto. Le ortensie possono essere usate in composizioni singole, come bordure o per formare siepi, oppure possono essere abbinate ad altre piante per creare effetti di contrasto o di continuità.

Aiuole Monocromatiche

Le aiuole monocromatiche, dove si utilizzano ortensie della stessa tonalità di colore, sono ideali per chi desidera un giardino elegante e armonioso. Ad esempio, una composizione di ortensie a foglia grande di colore blu può dare un effetto rilassante e delicato, soprattutto se associata a elementi di pietra o arredi in legno chiaro. Anche le ortensie bianche o rosa creano un'atmosfera raffinata e pulita, perfetta per un giardino dallo stile classico.

Composizioni Multicolori

Le ortensie sono disponibili in una vasta gamma di colori, dal blu intenso al viola, dal rosa al bianco, fino alle tonalità verdastre e rossastre che assumono in autunno. Questo permette di creare composizioni multicolori che aggiungono vivacità e dinamismo al giardino. Ad esempio, alternare ortensie blu e rosa può creare un effetto di contrasto molto piacevole, oppure si possono scegliere ortensie di diverse sfumature per un effetto sfumato e delicato.

Aiuole Tematiche Stagionali

Le ortensie sono ideali per realizzare aiuole tematiche che riflettano le stagioni. In primavera, una combinazione di ortensie a foglia grande con altre piante primaverili come narcisi e tulipani può creare un contrasto interessante. Durante l'estate, quando le ortensie raggiungono il loro massimo splendore, si possono abbinare a piante estive come le lavande o le margherite per un giardino ricco e colorato.

Bordure di Ortensie

Le ortensie a foglia grande e a pannocchia

sono perfette per creare bordure lungo i vialetti o intorno alle aree del giardino che si vogliono delimitare. Queste bordure fiorite offrono una cornice naturale che si mantiene bella e decorativa per tutta la stagione. Le ortensie a pannocchia sono particolarmente adatte alle bordure alte e rigogliose, mentre le varietà a foglia grande sono ideali per le bordure più basse o per separare aree diverse del giardino.

Accostamenti con Altre Piante

Le ortensie, grazie alla loro versatilità, si abbinano perfettamente con molte altre piante. Gli accostamenti giusti possono mettere in risalto il colore e la forma delle ortensie, creando combinazioni che valorizzano ogni pianta e aggiungono bellezza al giardino.

Accostamenti con Piante perenni

Le piante perenni sono ottimi compagni per le

ortensie, in quanto creano un effetto naturale e contribuiscono alla durata delle composizioni nel tempo. Piante come l'heuchera, l'astilbe e la hosta sono perfette per accompagnare le ortensie in ombra o mezz'ombra, creando un effetto di contrasto con il fogliame delle ortensie. Le felci, con le loro foglie delicate e leggere, si combinano bene con le ortensie per un effetto elegante e raffinato, soprattutto nelle aree più ombreggiate del giardino.

Accostamenti con Arbusti

Gli arbusti rappresentano un ottimo complemento per le ortensie, poiché permettono di dare struttura al giardino e di creare strati di vegetazione di diverse altezze. Le ortensie si combinano bene con arbusti come il viburno, la forsizia e la weigela, che aggiungono colori e fioriture stagionali. Anche arbusti sempreverdi come l'agrifoglio o il bosso possono essere accostati alle ortensie per mantenere una struttura verde anche in inverno.

Accostamenti con Piante da Fogliame Decorativo

Per creare un giardino di grande impatto visivo, si possono accostare le ortensie a piante dal fogliame decorativo, che aggiungono varietà e texture. Piante come l'acero giapponese, con il suo fogliame colorato e delicato, si combinano magnificamente con le ortensie, soprattutto in giardini in stile giapponese o orientale. Anche piante come la miscanthus, una graminacea dal fogliame leggero e flessuoso, sono perfette per creare un contrasto con la struttura più densa e compatta delle ortensie.

Accostamenti con Piante Annuali

Le piante annuali, come petunie, begonie e nasturzi, possono aggiungere colore e varietà al giardino e sono perfette per riempire gli spazi intorno alle ortensie. Poiché le piante annuali possono essere facilmente cambiate ogni anno, offrono la possibilità di sperimentare nuovi accostamenti e di adattare il giardino alle diverse stagioni. In primavera, si possono piantare piante a fioritura precoce che riempiono i vuoti lasciati dalle ortensie, mentre in estate si possono scegliere fioriture abbondanti per mantenere un giardino sempre ricco di colori.

Ortensie in Vasi e Balconi

Le ortensie sono piante versatili che si prestano bene anche alla coltivazione in vaso, rendendole ideali per chi dispone di poco spazio o per chi vuole decorare balconi e terrazze. Vediamo quali sono le considerazioni principali per coltivare con successo le ortensie in contenitore e come creare angoli fioriti anche in spazi ridotti.

Scelta dei Vasi

Per coltivare le ortensie in vaso, è importante

scegliere contenitori adeguati, che siano abbastanza grandi da permettere alle radici di espandersi. I vasi dovrebbero avere una capacità di almeno 40-50 litri per ospitare una pianta di dimensioni medie. I vasi in terracotta sono ideali poiché permettono una buona traspirazione e aiutano a mantenere il terreno fresco, ma è possibile utilizzare anche vasi in plastica, più leggeri e facili da spostare.

Terreno e Substrato

Le ortensie coltivate in vaso necessitano di un terreno ben drenato e ricco di materia organica. È consigliabile utilizzare un terriccio specifico per piante acidofile, che mantiene il pH ideale per queste piante. È possibile aggiungere perlite o sabbia per migliorare il drenaggio, soprattutto per evitare il rischio di ristagni idrici che potrebbero danneggiare le radici.

Esposizione e Posizione

In balcone o in terrazza, le ortensie si adattano

bene sia all'ombra parziale che al sole del mattino. È importante evitare l'esposizione al sole diretto nelle ore più calde, soprattutto durante l'estate, per evitare scottature sulle foglie e stress idrico. Posizionare le ortensie in una zona riparata dal vento aiuta a preservare l'umidità del terreno e a proteggere i fiori più delicati.

Irrigazione e Nutrizione

Le ortensie coltivate in vaso richiedono un'irrigazione più frequente rispetto a quelle in piena terra, poiché il substrato nei vasi tende ad asciugarsi più velocemente. È importante mantenere il terreno umido, ma non inzuppato. Durante la stagione di crescita, è consigliabile fertilizzare le ortensie in vaso con un concime specifico per piante da fiore, ogni due settimane, per supportare la fioritura.

Manutenzione e Potatura

La potatura delle ortensie in vaso segue le stesse regole di quelle coltivate in giardino: le ortensie che fioriscono sui rami dell'anno precedente devono essere potate dopo la fioritura, mentre quelle che fioriscono sui nuovi rami possono essere potate a fine inverno. È anche importante eliminare i fiori appassiti e rimuovere eventuali rami secchi o danneggiati per mantenere la pianta in salute.

Idee per la Decorazione di Balconi e Terrazze

Le ortensie in vaso possono trasformare balconi e terrazze in angoli fioriti e accoglienti. Grazie alla varietà di colori e forme, queste piante si prestano a molteplici stili decorativi, dal rustico al moderno.

Angoli Fior

iti con Varietà di Colore

Creare un angolo fiorito con ortensie di

diversi colori può dare un effetto molto decorativo. Si possono scegliere tonalità complementari, come il blu e il bianco, per un effetto elegante e rilassante, oppure optare per combinazioni più audaci come il rosa e il viola, per un effetto vivace e dinamico. Abbinare le ortensie ad altre piante da fiore in vaso, come gerani o lavande, può aggiungere ulteriore varietà e colore.

Decorazione in Stile Rustico

Le ortensie si adattano molto bene a uno stile rustico, soprattutto se abbinate a vasi in terracotta o cesti di vimini. In un balcone arredato con mobili in legno o ferro battuto, le ortensie bianche o rosa pallido contribuiscono a creare un'atmosfera accogliente e tradizionale.

Allestimenti in Stile Moderno

Per un balcone o una terrazza in stile

moderno, si possono scegliere varietà di ortensie dalle tonalità fredde, come il blu e il viola, e abbinarle a vasi di design in colori neutri o metallici. Anche i vasi quadrati o rettangolari, dalle linee pulite, sono perfetti per creare un contrasto tra la struttura geometrica e la forma naturale delle ortensie.

Le ortensie sono piante straordinarie che, grazie alla loro versatilità, possono essere utilizzate in molti modi diversi in giardino, terrazzo o balcone. Sia in composizioni monocromatiche che multicolori, in aiuole tematiche o in bordure, le ortensie arricchiscono ogni spazio con la loro fioritura abbondante e i loro colori vivaci. Con gli accostamenti giusti e una cura adeguata, queste piante offrono una bellezza duratura che si adatta a ogni ambiente e stile di giardino, rendendo ogni angolo più suggestivo e accogliente.

Capitolo 5: Ortensie e Cambiamento di Colore

Le ortensie sono famose per la loro capacità di cambiare colore, un fenomeno unico che affascina appassionati di giardinaggio e botanici. A differenza di molte altre piante, il colore dei fiori delle ortensie può essere modificato attraverso la composizione chimica del terreno, in particolare il pH e la presenza di specifici minerali. In questo capitolo esploreremo i fattori che influenzano il colore delle ortensie e le tecniche per modificare il colore dei loro fiori. Inoltre, esamineremo l'uso delle ortensie nel florovivaismo, con un'attenzione particolare al loro impiego come fiori recisi per bouquet e decorazioni, e concluderemo con alcune curiosità e aneddoti su queste straordinarie piante.

Fattori che Influenzano il Colore delle Ortensie

Il colore dei fiori delle ortensie è influenzato

principalmente da due fattori: la varietà della pianta e la chimica del terreno. La combinazione di questi elementi determina la tonalità finale dei fiori, che può variare dal blu al rosa, dal bianco al viola e persino al verde.

Il pH del Terreno

Il pH del terreno è uno dei principali fattori che determinano il colore dei fiori di ortensia. Le ortensie tendono a fiorire in tonalità di blu o viola quando sono coltivate in un terreno acido, con un pH inferiore a 6.0. Questo accade perché un ambiente acido rende l'alluminio, un elemento chimico naturale presente nel suolo, facilmente disponibile per le radici della pianta. Quando le ortensie assorbono questo alluminio, i loro fiori tendono a diventare blu o viola.

Al contrario, in un terreno alcalino (pH superiore a 7.0), le ortensie producono fiori rosa o rossi. In questo caso, l'alluminio non è disponibile per la pianta, il che porta a tonalità di colore più calde.

Minerali nel Terreno

Oltre al pH, la presenza di alcuni minerali nel terreno può influenzare il colore delle ortensie. Ad esempio:

- **Alluminio**: Questo minerale è essenziale per ottenere tonalità blu. Se il terreno è acido ma manca di alluminio, i fiori possono rimanere rosa.

- **Ferro**: Il ferro può intensificare le tonalità di blu e di viola, poiché favorisce l'assorbimento dell'alluminio.

- **Fosforo**: Questo elemento può limitare l'assorbimento dell'alluminio, rendendo i fiori più tendenti al rosa anche in un terreno acido.

Varietà della Pianta

Non tutte le ortensie cambiano colore. La

maggior parte delle ortensie a foglia grande (Hydrangea macrophylla) sono in grado di variare tonalità in base al pH e alla presenza di alluminio. Tuttavia, altre varietà come l'ortensia a pannocchia (Hydrangea paniculata) e l'ortensia quercifolia (Hydrangea quercifolia) non cambiano colore con il variare del pH, mantenendo fiori bianchi o leggermente verdi che possono sfumare al rosa o al rosso solo con l'invecchiamento naturale della fioritura.

Come Modificare il Colore dei Fiori delle Ortensie

Modificare il colore dei fiori delle ortensie è un processo graduale, che richiede pazienza e alcuni accorgimenti specifici. Di seguito sono elencati i passaggi per ottenere il colore desiderato.

Come Ottenere Fiori Blu

1. **Acidificare il terreno**: Per ottenere fiori blu, il terreno deve avere un pH inferiore a 6.0. È possibile abbassare il pH aggiungendo solfato di alluminio o zolfo. Anche l'aggiunta di compost o torba acida può essere utile per aumentare l'acidità.

2. **Aggiungere alluminio**: L'alluminio è essenziale per ottenere il colore blu. Si possono aggiungere prodotti specifici a base di solfato di alluminio disponibili nei garden center. Tuttavia, è importante non esagerare, poiché un eccesso di alluminio può danneggiare la pianta.

3. **Utilizzare fertilizzanti specifici**: Per mantenere il terreno acido, è consigliabile utilizzare fertilizzanti a basso contenuto di fosforo e alto contenuto di potassio, che favoriscono il blu.

Come Ottenere Fiori Rosa

1. **Alcalinizzare il terreno**: Per ottenere fiori rosa, il pH del terreno dovrebbe essere superiore a 6.5. È possibile innalzare il pH aggiungendo calcare dolomitico o cenere di legno.

2. **Ridurre l'alluminio disponibile**: Un terreno con pH alcalino rende difficile l'assorbimento dell'alluminio. Se la pianta è già in terreno acido, può essere utile aggiungere fosfati per bloccare l'assorbimento dell'alluminio e favorire il colore rosa.

3. **Utilizzare fertilizzanti equilibrati**: Scegliere fertilizzanti con una quantità bilanciata di azoto, fosforo e potassio può aiutare a mantenere il pH e promuovere tonalità calde nei fiori.

Ortensie ed Uso in Florovivaismo

Le ortensie sono molto popolari in florovivaismo per la loro bellezza e versatilità. Grazie alla loro capacità di mantenere un aspetto fresco e voluminoso anche da recise, sono perfette per bouquet e decorazioni floreali, sia in contesti formali che informali.

Ortensie Recise per Bouquet

Le ortensie recise sono una scelta ideale per bouquet e composizioni floreali. Grazie alla loro ampia superficie floreale e alla varietà di colori, sono in grado di donare volume e eleganza a qualsiasi bouquet. Ecco alcune caratteristiche che rendono le ortensie un fiore particolarmente apprezzato per le composizioni:

- **Volume e densità**: La struttura compatta dei fiori delle ortensie permette di creare composizioni piene e voluminose, ideali per i bouquet da sposa o per le decorazioni di centrotavola.

- **Longevità**: Con la giusta cura, le ortensie recise possono durare fino a due settimane in vaso, mantenendo il loro aspetto fresco e vivace.

- **Varietà di colori**: Le ortensie offrono una vasta gamma di colori che spaziano dal blu al rosa, dal viola al bianco. Questo le rende versatili per adattarsi a vari stili e temi di bouquet, dal romantico al moderno.

Per garantire una lunga durata delle ortensie recise, è importante seguire alcune accortezze:

1. **Taglio degli steli**: È consigliabile tagliare gli steli delle ortensie in diagonale per favorire l'assorbimento dell'acqua.

2. **Idratazione costante**: Le ortensie sono molto sensibili alla mancanza di acqua; è importante immergere i gambi in acqua fresca e cambiarla ogni giorno.

3. **Umidità**: Spruzzare acqua sui fiori può contribuire a mantenere la loro freschezza.

Ortensie per Decorazioni

Le ortensie sono ideali per le decorazioni in vari contesti. In matrimoni e cerimonie, ad esempio, le ortensie sono utilizzate sia fresche

che essiccate per abbellire archi, altari, tavoli e persino come accessori per capelli.

- **Decorazioni in stile rustico**: Le ortensie essiccate sono perfette per decorazioni rustiche e naturali. La loro struttura legnosa si abbina bene a materiali come la juta e il legno, creando un'atmosfera accogliente e tradizionale.

- **Decorazioni moderne**: Nelle decorazioni moderne, le ortensie fresche, soprattutto nelle tonalità blu e bianche, possono essere abbinate a vetro e metallo per creare un effetto elegante e minimalista.

- **Centrotavola**: Grazie alla loro forma rotonda, le ortensie sono ideali per i centrotavola, da sole o abbinate ad altri fiori. Un centrotavola di ortensie in diverse sfumature di colore può essere un elemento decorativo raffinato per matrimoni, cene formali e altre occasioni speciali.

Curiosità e Aneddoti sulle Ortensie

Le ortensie non solo sono affascinanti dal punto di vista estetico e botanico, ma sono anche legate a diverse curiosità e storie interessanti.

Origine del Nome

Il nome "ortensia" ha origine incerta, ma si dice che sia stato dato dal botanico francese Philibert Commerson nel XVIII secolo, in onore di una donna di nome Hortense. Esistono varie versioni su chi fosse questa Hortense, tra cui un'astronoma o una nobile francese, ma non ci sono prove definitive.

Simbolismo e Significato

Le ortensie sono spesso associate all'amore, alla gratitudine e all'intros

pezione. Nella cultura giapponese, dove le ortensie crescono abbondantemente, sono considerate simbolo di umiltà e di legame tra persone. A causa della loro capacità di cambiare colore, rappresentano anche la mutevolezza dei sentimenti e dell'amore.

Ortensie e Linguaggio dei Fiori

Nel linguaggio dei fiori, le ortensie rappresentano sentimenti complessi e variabili, come gratitudine, comprensione, scuse e anche orgoglio. Le tonalità dei fiori possono influenzare il significato attribuito: ad esempio, il blu indica un amore devoto e duraturo, mentre il rosa è associato all'affetto e alla dolcezza.

Ortensie e Cultura Popolare

Le ortensie sono state protagoniste di molte opere d'arte e poesia, soprattutto in Asia. In Giappone, durante la stagione delle piogge, vengono organizzati festival dedicati alle ortensie, come il "Festival Ajisai" che si tiene in vari templi. Le ortensie hanno anche ispirato famosi pittori impressionisti come Claude Monet, che le rappresentava nei suoi giardini di Giverny.

Le ortensie non sono solo piante ornamentali dal grande fascino estetico, ma sono anche un vero e proprio fenomeno botanico per la loro capacità di cambiare colore in base alle condizioni del terreno. Utilizzate in bouquet, decorazioni e composizioni floreali, queste piante portano bellezza e versatilità sia in giardini che in contesti domestici e formali. Grazie alla loro storia affascinante, simbolismo ricco e capacità di trasformarsi, le ortensie continuano ad affascinare generazioni di amanti delle piante e rimangono tra le scelte preferite di florovivaisti, giardinieri e appassionati di fiori in tutto il mondo.

Glossario

A

Acidità del Terreno

La misura della concentrazione di ioni idrogeno nel suolo. Le ortensie a foglia grande tendono a produrre fiori blu in terreni acidi (pH < 6.0) e fiori rosa in terreni alcalini (pH > 7.0).

Alluminio

Un elemento chimico presente nel suolo che influisce sul colore delle ortensie. In un ambiente acido, l'alluminio è disponibile per le piante e può rendere i fiori blu. In terreni alcalini, l'alluminio non è disponibile, causando tonalità rosa o rosse.

Aiuola

Un'area di giardino dedicata alla coltivazione

di fiori e piante. Le ortensie possono essere piantate in aiuole per creare composizioni colorate e attraenti.

B

Bouquet

Una composizione floreale composta da fiori recisi, spesso utilizzata in occasioni speciali. Le ortensie, con la loro forma voluminosa e le varietà di colore, sono molto richieste nei bouquet.

Bonsai

Una tecnica di giardinaggio giapponese che prevede la coltivazione di piante in miniatura. Alcuni giardinieri esperti sperimentano con ortensie in forma bonsai per creare composizioni uniche.

C

Composizione Floreale

L'arte di organizzare fiori e piante in un design armonioso. Le ortensie sono frequentemente utilizzate nelle composizioni floreali per la loro bellezza e versatilità.

Concime

Un prodotto usato per fornire nutrienti al terreno e alle piante. L'uso di fertilizzanti specifici può influenzare il colore dei fiori delle ortensie.

Coltivazione

Il processo di crescita e cura delle piante. Le ortensie richiedono tecniche di coltivazione specifiche per prosperare, tra cui la scelta del terreno, la potatura e l'irrigazione.

Curvatura

La tendenza dei fiori di ortensia a piegarsi o curvarsi sotto il peso dell'acqua o della fioritura abbondante. È importante supportare i rami per evitare danni.

D

Diseccamento

Il processo di asciugatura delle ortensie, spesso utilizzato per preservare i fiori per decorazioni. Le ortensie essiccate mantengono il loro aspetto e colore per lungo tempo.

Dolcezza

Riferito al sapore, nel contesto delle ortensie può descrivere il profumo o la sensazione generale di dolcezza associata a certe varietà di fiori.

E

Espressione Florale

Riferito alla rappresentazione estetica e

simbolica dei fiori, inclusa la scelta di ortensie per comunicare emozioni o messaggi in eventi speciali.

Esposizione

La quantità di luce solare che una pianta riceve. Le ortensie preferiscono una posizione di mezz'ombra o sole parziale per una crescita ottimale.

F

Fertilizzante

Un materiale che fornisce nutrienti essenziali alle piante. Il tipo e la quantità di fertilizzante utilizzato possono influenzare il colore e la salute delle ortensie.

Fiore

L'organo riproduttivo delle piante. Le ortensie sono conosciute per i loro fiori grandi e colorati, che possono variare in forma e colore a seconda della varietà.

G

Giardinaggio

L'attività di coltivare e mantenere piante e fiori. La coltivazione delle ortensie richiede conoscenze specifiche sul loro habitat, potatura e cura.

Grandezza

Riferito alla dimensione delle piante di ortensia, che possono variare notevolmente a seconda della specie e della varietà. Alcune possono raggiungere altezze di oltre due metri.

I

Irrigazione

Il processo di fornire acqua alle piante. Le ortensie necessitano di un'irrigazione regolare, specialmente durante i periodi di siccità, per mantenere la loro salute e bellezza.

Ibridazione

La pratica di incrociare due varietà diverse di ortensie per creare nuove varietà con caratteristiche desiderabili, come colore, forma e resistenza.

L

Longevità

La durata della vita delle piante o dei fiori. Le ortensie recise possono durare da una settimana a due settimane in vaso, a seconda della cura.

Luminosità

La quantità di luce che raggiunge una pianta.

Le ortensie prosperano in condizioni di luce moderata e possono soffrire se esposte a luce solare diretta per troppo tempo.

M

Malattie

Patologie che colpiscono le piante. Le ortensie possono essere suscettibili a malattie fungine e batteriche, che possono compromettere la loro crescita e fioritura.

Parassiti

Insetti o organismi che si nutrono delle piante, causando danni. Tra i parassiti comuni delle ortensie ci sono afidi, cocciniglie e acari.

Potatura

Il processo di rimuovere rami o parti di piante per promuovere la crescita sana e la fioritura. La potatura delle ortensie deve essere effettuata con attenzione e nei periodi appropriati.

R

Reciso

Riferito ai fiori che sono stati tagliati e utilizzati per composizioni floreali. Le ortensie recise sono molto popolari per bouquet e decorazioni.

Rinvaso

Il processo di spostare una pianta in un vaso più grande per favorire la crescita. Il rinvaso delle ortensie dovrebbe essere effettuato con cautela per non danneggiare le radici.

Rosa

Una delle tonalità di colore dei fiori di ortensie. Le ortensie possono presentare sfumature di rosa che variano da tonalità pastello a colori più intensi, a seconda delle condizioni del terreno.

S

Sfoltimento

La pratica di rimuovere alcune parti della pianta per migliorare la circolazione dell'aria e la penetrazione della luce. È particolarmente utile nelle ortensie per promuovere una fioritura più sana.

Sole

La fonte di luce naturale. Le ortensie prosperano in luoghi con luce solare indiretta o parziale, evitando il sole diretto che può bruciare le foglie.

T

Terreno

Il materiale naturale in cui crescono le piante. Le ortensie preferiscono un terreno ricco di sostanze organiche, ben drenato e con un pH acido o neutro, a seconda della varietà.

Tipi di Ortensie

Esistono vari tipi di ortensie, ognuna con caratteristiche specifiche. Alcuni dei più noti includono:

- **Hydrangea macrophylla**: Ortensie a foglia grande, famose per la loro capacità di cambiare colore.

- **Hydrangea paniculata**: Ortensie a pannocchia, note per le loro infiorescenze a forma di cono.

- **Hydrangea quercifolia**: Ortensie quercifoglie, caratterizzate da foglie a forma di quercia e fiori bianchi.

- **Hydrangea anomala**: Ortensie arrampicanti, perfette per coprire muri e pergolati.

Trapianto

Il processo di spostare una pianta da un luogo all'altro. Le ortensie possono essere trapiantate per migliorare la loro posizione nel giardino o per adattarsi a nuove condizioni di crescita.

U

Utilizzo in Florovivaismo

Riferito all'uso delle ortensie nel commercio di fiori e piante. Le ortensie sono molto ricercate sia per la coltivazione in giardino che come fiori recisi per decorazioni.

Uso Ornamentale

Le ortensie sono ampiamente utilizzate come piante ornamentali per abbellire giardini, terrazze e interni grazie alla loro bellezza e varietà di colori.

V

Varietà

Diverse specie o cultivar di ortensie, ognuna con caratteristiche uniche, come colore, dimensione e forma dei fiori. Le varietà di ortensie possono essere classificate in base alle loro caratteristiche botaniche e al modo in cui si comportano in diverse condizioni di crescita.

Vaso

Un contenitore utilizzato per coltivare piante in un ambiente controllato. Le ortensie possono essere coltivate in vasi, rendendole adatte anche a spazi ristretti come balconi e terrazze.

Le ortensie sono piante meravigliose e versatili, la cui cura e coltivazione possono essere rese più facili attraverso la comprensione di termini specifici legati a queste

piante. Questo glossario rappresenta un punto di partenza per chiunque desideri approfondire la propria conoscenza sulle ortensie, sia per scopi ornamentali che professionali. Con la giusta informazione e attenzione, queste piante possono prosperare e aggiungere bellezza e colore a qualsiasi ambiente.

Indice